はじめに

きみは、身のまわりのものがどんなしくみなのか知りたいと思ったことはありませんか？
冷蔵庫は、どんなしかけでものをひやすのか？　そうじ機はどうやってごみをすいこんでいるのか？　エスカレーターの階段は、どのようなしかけになっているのか？

このシリーズは、もののなかみをちょっとみてみたいといった、きみたちの気持ちにこたえるためにつくりました。

シリーズは、第1期の4巻にくわえて第2期の3巻があり、それぞれテーマごとに分類してあります。

1期
- **キッチン**：冷蔵庫、電子レンジ、炊飯器、IHクッキングヒーター、トースターほか
- **家のなか**：そうじ機、おそうじロボット、洗濯機、エアコン、ヘアドライヤーほか
- **まちなか**：自動改札機、自動販売機、エレベーター、エスカレーター、ごみ収集車ほか
- **のりもの**：自動車、オートバイ、船、電車、モノレール、ジェット機ほか

2期
- **楽　器**：ピアノ、鍵盤ハーモニカ、サクソフォン、ドラムセットほか
- **遊園地**：ジェットコースター、メリーゴーラウンド、コーヒーカップほか
- **大きな建物**：大仏、タワー、五重塔ほか

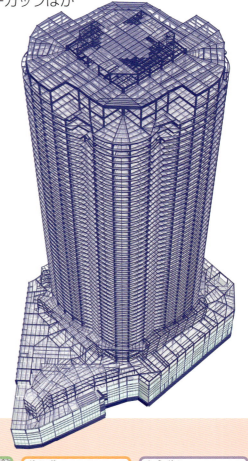

この巻でとりあげるのは、大きな建物です。きみたちが住んでいる家の壁のなかや床下はどうなっているのか、はたまた超高層ビルはどんなふうに建てられているのか、そのしくみは、外からみただけではわかりません。この本では、なかみがひと目でわかるようにくふうしてあります。それは、右の絵のように「スケルトン」とよばれる「ものをとおしてみる絵や写真」をたくさんのせていることによります。

高層ビルは、鉄骨でできています。鉄筋に高強度なコンクリートを流しこんでつくる鉄筋コンクリート造や、鉄骨と鉄筋を組みあわせた鉄骨鉄筋コンクリート造というものもあります。さらに技術の進歩で、新しい工法が開発され、地下6階、地上54階という超高層ビルが誕生しています。その骨格が、右の絵です。この建物には、さらに超高層ビルゆえの設備がいろいろそなえられています。くわしいことは、本文でじっくりみていきましょう。

 もくじ

- はじめに……………2
- この本の使い方…………4

日本の家 6ページ

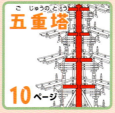
五重塔 10ページ

大仏 16ページ

灯台 22ページ

左の写真は、なんだと思いますか？　大仏の胎内、つまり仏像のからだのなかにある内かべです。大きな格子もようは、大仏をつくるときにできたものです。どうしてこんなもようができたのか、大仏の構造を知ることで、おどろきの事実がわかります。

もののなかみをみることは、そのものにさまざまなくふうがあるのを知ることです。日本の木造家屋の壁のなかがどうなっているのか、日本の仏教建築を代表する五重塔はどんなふうに組み立てられているのか、それぞれに発見があります。

このように、このシリーズでは、ふだんみることができないものを、きみたちにみてもらうように、さまざまな方法を考えてあります。スケルトンの絵や写真をたのしんでもらうとともに、もののくふうを知ってほしいとの願いによります。

おどろきは感動につながります。感動する気持ちが、そのものへの興味につながります。この本でいろいろなものに興味を感じた人のなかから、将来、ものづくりやデザイン、そしてあたらしいものの発明や開発をするような人がどんどん出てくれるといいなぁ！

こどもくらぶ

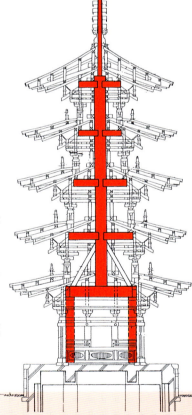

タワー
26ページ

- もっと知りたい！
  安土城天主のひみつ……………………… 14
- もっと知りたい！
  通天閣のひみつ…………………………… 20
- もっと知りたい！
  サイクルツリーのひみつ………………… 30
- さくいん…………………………………… 31

この本の使い方

この本では、なかみのしくみがわかる写真や絵を大きく掲載して、なかの構造を紹介しています。

> なかのしくみがみえるようにかかれたイラスト（透視絵）。スケルトンとよばれる「ものをとおしてみる絵」を使って、内部構造を紹介している。

> 体がとうめいなクラゲ、スケルトンくん。シリーズをとおして登場するよ。

灯台

灯台は、岬や島の上に設置され、その外観や灯光によって、航行する船の目標となる施設です。真っ暗な大洋を航海する船にとって、かかせないたいせつな航路標識です。

灯台の構造

灯台の形はさまざまですが、大規模な灯台は、ほとんどが塔形で、一般的に、下から機械室、灯塔、踊り場、灯室、灯ろうとよばれています。

灯塔❶のなかには、階の昇降用として、らせん階段❷がとりつけられています。灯室❸は、灯塔と同じ構造の塔壁を立ち上げ、光を出す機械類（灯器❹など）を入れる部屋になっています。ここには出入口がもうけられ、灯台外部の点検をおこなうための踊り場❺に出ることができます。

灯ろう❻は、灯室に上からかぶせたガラスと屋根から構成されたかごです。ガラス状のつつは、別名「玻璃板」とよばれています。灯ろう屋根の上部には風見❼があります。

用語チェック！

ハイブリッド電源システム

灯台が光を発するには、発電のための電力が必要だ。商業電力の確保がむずかしい絶海の孤島や、岬の先端、航路上などに建設する灯台へ、安定して電力を供給することは、これまで苦労を要してきた。

そのような困難を解消するために、海上保安庁では、自然エネルギーを使った発電システムの開発・研究を進めている。地域の条件を考えたうえで、太陽光、風力、または波力のうち、もっとも効率的となるハイブリッド大出力型システムを研究し、実用化しようというのだ。すでに取り組みがおこなわれていて、いくつかの灯台で実用化されている。

大分県の豊後水道の中央に位置する無人島に立つ水ノ子島灯台は、大型灯台の電源として国内ではじめて太陽光と波力を利用した「ハイブリッド電源システム」が導入されている。

水ノ子島灯台（大分県佐伯市）。豊後水道中央の無人島に4年の歳月をかけて建設された石造りの灯台。
提供：佐伯市観光協会

❼ 風見
風のふく方向を知るための風向計

灯ろう屋根

❻ 灯ろう

灯ろうガラス（玻璃板）

❸ 灯室

踊り場手すり

❺ 踊り場

❶ 灯塔

❷ らせん階段

❹ 灯器
強力な光を発する源。
フレネルレンズ（→P24）と水銀槽式回転機械（→P25）を組みあわせた装置。一定の周期で回転させて強力な閃光を発するしくみになっている。

大型のフレネルレンズのあいだに、光源となる電球（長寿命で効率のよいメタリハイドランプ）が見える。現在使っているものと、予備の2個の電球がそなえつけられている。使用中の電球が点灯しないときには、自動的に予備に切りかわる構造にすることで、現在ではすべての灯台が無人となった。

機械室

1899（明治32）年に開設された塩屋崎灯台（福島県いわき市）。
提供：燈光会／第七管区海上保安本部

灯台の中心の柱をかこみ、らせん階段がとりつけられている。

> ●┈┈┈┈● はその部分や装置を、
> ●┈┈┈┈▶ はその名前でよばれる部分（位置）をさししめしている。

> 各部分のしくみを図解する。

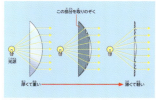

わされたレンズを、発明者の名前をとって「フレネルレンズ」といいます。

一般的な凸レンズ（左）とフレネルレンズ（右）の断面。

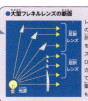

●大型フレネルレンズの断面

レンズの中心部分には屈折の凸レンズを、中間には屈折用のプリズム状のレンズを、外側には反射用のプリズム状のレンズを加工してひとつのレンズとして製造されている。灯台に使われている光源は小さくても、集められた光は非常に強いものとなる。

沖ノ島灯台（福岡県）で使用していた第1等フレネルレンズ（レンズ直径259cm、焦点距離92m）。1枚の大きなレンズではなく、プリズムの組みあわせで大きなレンズになるように構成されている。レンズは3面になっている（犬吠埼灯台資料展示室保存）。

もっと知りたい！ 織田信長の考えたくふうがいっぱい
安土城天主のひみつ

天守は、城を代表する建物です。安土城は、織田信長が琵琶湖のほとりにつくった城です。安土城につくられた「天主」とよばれる建築物が、「天守」のはじまりとされています。

●安土城天主のふしぎ

安土城は、地下1階地上6階の7階建てで、天主の高さが32mあります。地下1階から3階部分までが巨大な「ふきぬけ空間」になっていて、そこには、仏をまつる宝塔がおさまっていたと考えられています。ふきぬけ2階部分には、せり出しの舞台があり、ふきぬけ3階には、回廊と、わたり廊下があります。

信長は、ふだんはこの天主で生活していたのではないかといわれています。江戸時代の天守は日常生活の場ではなくなり、特別な機会にのぼるだけの象徴的な建物となりますが、安土城では日常生活の中心が天主でした。以後の天守とは使われ方が大きくことなり、安土城ならではの特別な天守の使われ方といえます。

●安土城天主の復元

●安土城天主あと

さまざまな部品の名前と役割をしめす。番号は、本文と対応。

大きな建物で気になるものやことのしくみをさらに紹介するページ。

灯台

灯台の光が点滅するひみつ

灯台の光は、使っているレンズによって光り方がちがいます。一定間隔で、ときどきピカッとする光り方は単閃光とよばれ、大型灯台の代表的な光り方です。閃光レンズというレンズを使い、ランプを点灯させたままで、レンズ自体を回転させると、レンズの中心とランプが一直線になったとき、船のほうで閃光が見えるしくみです。

小型灯台では、不動レンズ（レンズは回転しない）をもちいて、ランプをつけたり消したりして光を発しています。

日本一光度の強い灯台

高知県室戸市の室戸岬の高台に立つ灯台。直径2.6mの第1等フレネルレンズをそなえている。

御前埼灯台（静岡県御前崎市）。町なかに灯台の強い光がいかないよう、遮蔽板をつけることで、海にだけ灯火を照らすようにしている。

用語チェック！　水銀槽式回転機械

水銀槽式回転機械は、重量のあるレンズを、比重の重い水銀をためた槽にうかべることでまさつ抵抗を少なくし、小さな力で回転できるようにした装置。灯台が電化・自動化される以前は、人力で分銅を巻き上げ、その分銅が落下するときの重力を利用してレンズを回転させていた。しかしたいへんな労力が必要だったので、落下した分銅をモーターで巻き上げるといった方法が取られた。現在では、小型モーターにより直接、水銀にうかべられたレンズ台を回転させるメカニズムになっている。

レンズと水銀槽式回転機械。かつては灯台の中心の円柱のなかを分銅が上がり下がりしていた。

「用語チェック！」では、関連することばについて、図や写真などを使ってわかりやすく解説。

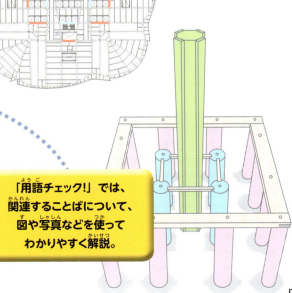

日本の家

日本の木造住宅は、礎石あるいは基礎の上に木の柱を立ててつくります。夏はむし暑く冬は寒い日本の家は、季節におうじて住みやすくなるくふうが考えられています。

木づくりの家の構造

日本の木造建築は、木造軸組構造ともいい、軸組みと小屋組みからできています。軸組みを構成するのは、垂直に立てる柱（通し柱、管柱）❶、その上を水平につなぐ材木が梁❷や桁❸です。小屋組みとは、軸組みの上に置いて三角形の屋根を構成する部分です。屋根のいちばん高いところ（棟）をつくるのが棟木❹で、棟と桁や梁のあいだをつなぐのが垂木❺です。

床板❻は、湿気をさけるために、地面から数十cmほど上に根太❼という木材をわたし、その上にはります。台所や廊下は板ばりのままですが、人がすわって使う部屋には、たたみを全面にしきつめます。

小屋束
梁の上に立てて母屋や棟木を受ける材木。

❸ 桁
垂木を受ける水平材。いちばん外側にある材を軒桁という。

❷ 梁
桁に直角に交わる水平材。この部分は小屋梁。

❶ 柱
土台の上にまっすぐに立ち、家の屋根をささえている材。

軸組み

❼ 根太
床板をささえる水平材。

土台
柱を固定し、建物の重みを基礎に伝える水平材。

木を組み上げて家を建てているところ。木と木をしっかり組んで、家をつくっていく。

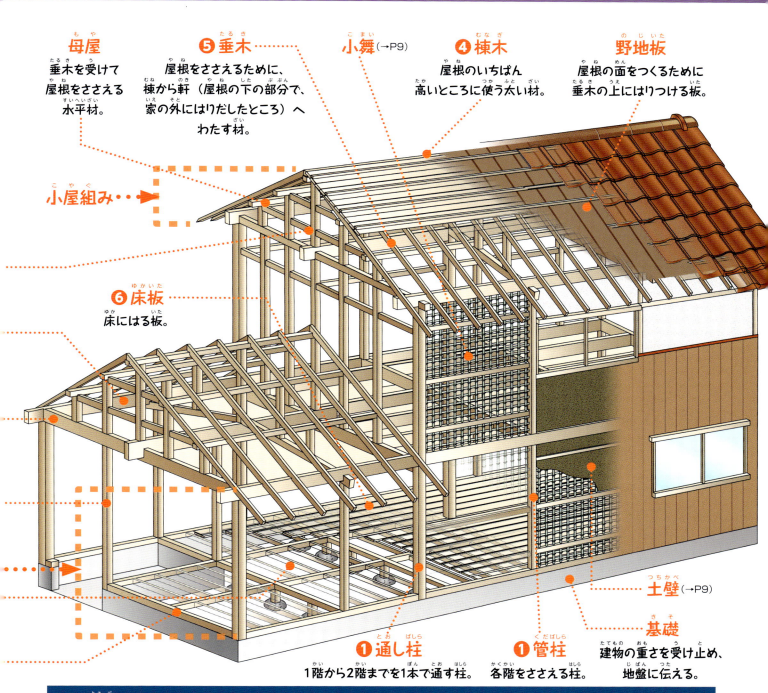

母屋（もや） 垂木を受けて屋根をささえる水平材。

❺垂木（たるき） 屋根をささえるために、棟から軒（屋根の下の部分で、家の外にはりだしたところ）へわたす材。

小舞（こまい）（→P9）

❹棟木（むなぎ） 屋根のいちばん高いところに使う太い材。

野地板（のじいた） 屋根の面をつくるために垂木の上にはりつける板。

小屋組み‥‥▶

❻床板（ゆかいた） 床にはる板。

土壁（つちかべ）（→P9）

❶通し柱（とおしばしら） 1階から2階までを1本で通す柱。

❶管柱（くだばしら） 各階をささえる柱。

基礎（きそ） 建物の重さを受け止め、地盤に伝える。

用語（ようご）チェック！

石場建て（いしばだて）

いまでこそ、コンクリート基礎を立ち上げた上に土台をしいて家を建てるが、コンクリートのなかった時代には写真のように、礎石の上に柱を立てて、足がため（土台のかわりに、石から少し上に水平に横たわっている木材）で柱どうしをつないで建てるのがふつうだった。石の上には柱がのっているだけで、建物と礎石とは固定されていない。これを「石場建て」といい、古民家や社寺などは、ほとんどこの工法で建てられていた。

礎石

写真提供＆協力：木の家づくりを応援する木住研

木材の組み方

明治時代以降、西洋の技術を取り入れる以前の日本の伝統的な家は、金物をもちいず、木と木を接合するときも、木を加工して凹凸をつくって組みあわせる「木組み」の技術でなりたっていました。たとえば、いまでは柱と柱のあいだには「筋交」をななめにわたして変形させない構造になっていますが、それ以前は、「貫」という横にわたす木材を使って骨格をつくるのが一般的でした。木組みにはいろいろな方法があり、大工自身が作業場で木材をきざんで、木と木を接合していきました。

材木どうしをしっかり組むために、複雑な形にきざんでいる。これらを組みあわせて、材木の接合部を固める。

●おもな継手・仕口

材木同士をしっかりと組むため、各部材に入れるきざみには、役割によって「継手」と「仕口」に分けられる。

腰掛鎌継ぎ
おもに土台や桁の継手。下木を上木でおさえつけるように組む。

追っかけ大栓継ぎ
土台で多くもちいる。腰掛鎌継ぎより加工が複雑なぶん、強度は高い。上木を横からスライドさせてはめあわせる。

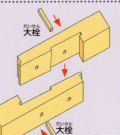

金輪継ぎ
柱の根継ぎなどに使う。組みあわせたあとに込み栓をさして固定する。かたく組みあい、はずれにくい。

わたりあご
ひとつの木をもうひとつの木にのせるという日本古来の仕口方法。木どうしに「欠きこみ」をつくり、そこにたがいをはめて組む。

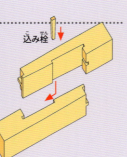

用語チェック！
木組み

「木組み」の家づくりは、大きな地震に強いという実験結果が出ている。複雑に加工した接合部は、地震のときの大きな変形でもねばり強く骨組みとして家をささえ、倒壊しにくいという。とくに柱と柱のあいだに通す「貫」が、建物の倒壊をふせぐといわれている。

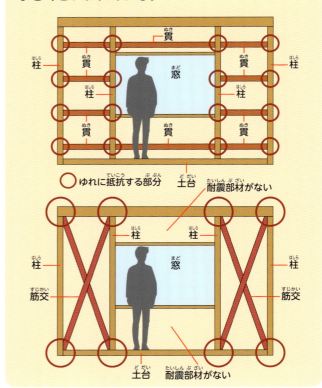

日本の家

壁のひみつ

木造住宅の壁には、おもに「真壁」と「大壁」の2種類の工法があります。「真壁」は日本の伝統的な壁の工法です。柱や梁を外にみせるやり方で、ぬり壁とあわせてもちいられています。一方、「大壁」は、壁の仕上げ面を柱の外側とし、柱を表面にみせないようにしてつくる工法です。洋風な家で一般的にみられます。

洋風な家の大壁。

古くから日本の住宅は、貫にたてよこに竹や細木であみのようにワラナワでからめてつくる「小舞」を下地にして、その両側に土をぬって壁をつくった（土壁）。現在では合板など、いろいろな素材が壁に使われている。

工事中

真壁の家で骨組みをくらべてみよう

完成

●真壁と大壁のちがい

真壁　メリット……メンテナンスが容易にできるので、家が長持ちする。乾燥しやすく、くさりにくい。
　　　デメリット…骨組みの材にもカンナがけをするなど、工事に手間がかかり、その分、大壁よりも費用は高めになる。高度な技術がもとめられる。

大壁　メリット……ぬり壁でなくクロスばりなので、安く早くしあがる。
　　　デメリット…断熱材をいっしょに封じこめることで、湿気がこもりやすい。

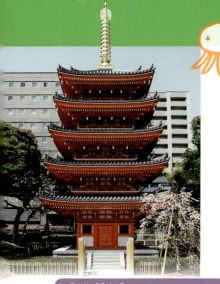

五重塔(ごじゅうのとう)

五重塔の「塔」は、インドで生まれたストゥーパ(釈迦の墓)を意味しています。ストゥーパの形は時代や国ごとにかわっていき、日本では五重塔になりました。

五重塔のつみあげ構造

五重塔は、日本の仏教建築を代表する伝統的な木造の建築物です。「多重塔」という形式で、各重ごとに軸部や軒を組みあげ、それらをえんぴつのキャップをかさねるように順につみあげていきます。建物の中央には心柱❶とよばれる柱があり、塔の1～4層とは接点をもたず、5層の屋根の頂上部分をつらぬいています。心柱は、塔をささえるためではなく、屋根の上にある相輪❷をささえるために立てられたものです。塔全体をささえているのは、心柱のまわりにある4本の四天柱❸と12本の側柱❹です。

伏鉢
鉢を伏せたような形をしている。ストゥーパ(お墓)の原形。

五重(層)
五重の各層は上にいくほど細くなっていて、各層は下の層の上に乗せているだけで一層ごとに独立している。

四重(層)

三重(層)

二重(層)

初重(層)

❶心柱
1～4層とはまったく接することなく、塔の中心をつらぬいている。塔の高さは20～40mほどもあり、心柱はふつう10mほどの木材を2～3本たてにつないで使用している。

空海(弘法大師)が唐での修業ののち帰国し、806年に博多滞在のときに建立した寺だといわれている東長寺。

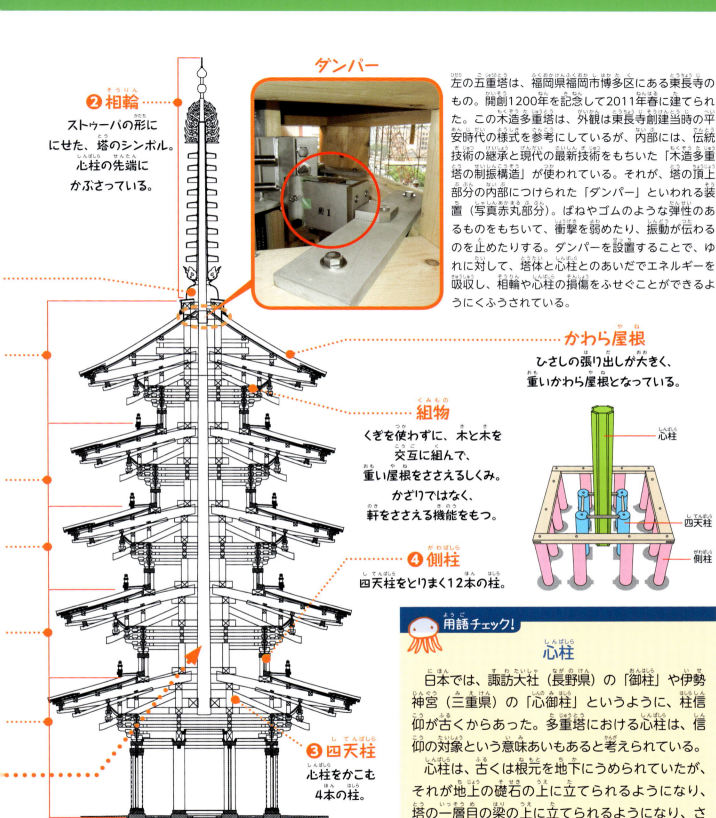

ダンパー

左の五重塔は、福岡県福岡市博多区にある東長寺のもの。開創1200年を記念して2011年春に建てられた。この木造多重塔は、外観は東長寺創建当時の平安時代の様式を参考にしているが、内部には、伝統技術の継承と現代の最新技術をもちいた「木造多重塔の制振構造」が使われている。それが、塔の頂上部分の内部につけられた「ダンパー」といわれる装置（写真赤丸部分）。ばねやゴムのような弾性のあるものをもちいて、衝撃を弱めたり、振動が伝わるのを止めたりする。ダンパーを設置することで、ゆれに対して、塔体と心柱とのあいだでエネルギーを吸収し、相輪や心柱の損傷をふせぐことができるようにくふうされている。

❷ 相輪
ストゥーパの形ににせた、塔のシンボル。心柱の先端にかぶさっている。

かわら屋根
ひさしの張り出しが大きく、重いかわら屋根となっている。

組物
くぎを使わずに、木と木を交互に組んで、重い屋根をささえるしくみ。かざりではなく、軒をささえる機能をもつ。

❹ 側柱
四天柱をとりまく12本の柱。

❸ 四天柱
心柱をかこむ4本の柱。

基壇（土台）

用語チェック！

心柱

日本では、諏訪大社（長野県）の「御柱」や伊勢神宮（三重県）の「心御柱」というように、柱信仰が古くからあった。多重塔における心柱は、信仰の対象という意味あいもあると考えられている。

心柱は、古くは根元を地下にうめられていたが、それが地上の礎石の上に立てられるようになり、塔の一層目の梁の上に立てられるようになり、さらには心柱を上からつりさげる方法もとられるようになった。どれも、心柱は、塔体の建物からは独立し、中空構造になっている。

提供：松井建設／東長寺

鉄骨で心柱をつくる

　現代の建築方法では、木造ではなく、鉄骨造を組みあわせた方法で多重塔を建てることもあります。多重塔鉄骨心柱構法は、鉄骨で骨組みをつくり、そこに木造の小屋組みをあわせていきます。鉄骨を使うことで、「耐風性が向上する」「木造とくらべると費用がおさえられる」といった特徴があります。

●五重塔は6階建て？

下の写真は海住山寺（京都府木津川市）の五重塔。鎌倉時代の傑作といわれ、国宝となっている。この塔には、屋根が6枚ある。じつは、いちばん下の初重の下に「裳階」といわれる小さな屋根をつけたしているのだ。「裳」は、女性が腰から下にまとった衣のことをさすことばで、裳階は、建物を風雨から守る役割があるほか、美しさをかもしだす効果がある。塔によっては、各層に裳階があるため、三重の塔が一見、六重の塔に見えるものもある。

裳階　　本屋根（初重）

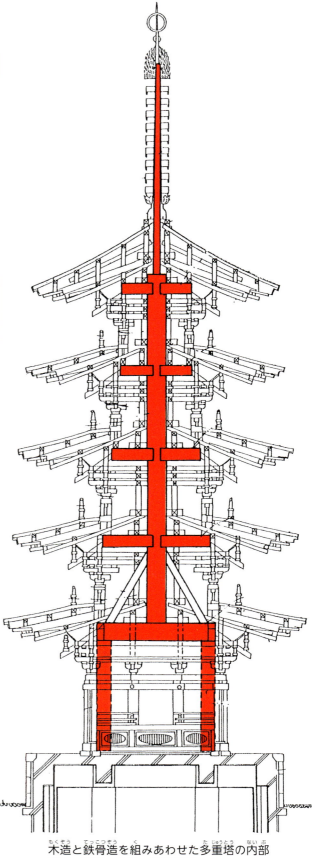

木造と鉄骨造を組みあわせた多重塔の内部構造。赤色の部分が鉄骨構造。

五重塔

東京スカイツリーの「心柱制振」

　東京都墨田区に2012年2月に完成した東京スカイツリーは、建築にあたって、さまざまな最新技術がもちいられました。なかでも日本で多発する地震対策として使われている制振技術には、五重塔の心柱ににた構造が取り入れられているといわれています。日本各地に古くから建つ木造建築の五重塔や三重塔には、心柱が設けられていて、それらの木塔が地震によってたおれたという記録は、ほとんどのこっていません。それは、心柱が大きな役割をはたしていると考えられています。東京スカイツリーの中央部の空洞には、鉄筋コンクリートづくりの円筒となる心柱が立っています。

　心柱（円筒部）は直径8m。地下から地上375mまでの鉄筋コンクリート造の柱で、周囲の鉄構造部分とは構造的に切りはなされている。高さ125m以下は固定域として鋼材でつなぎ、125〜375mまでは可動域としてすきまにオイルダンパーというのびちぢみする部材が、設置されている。

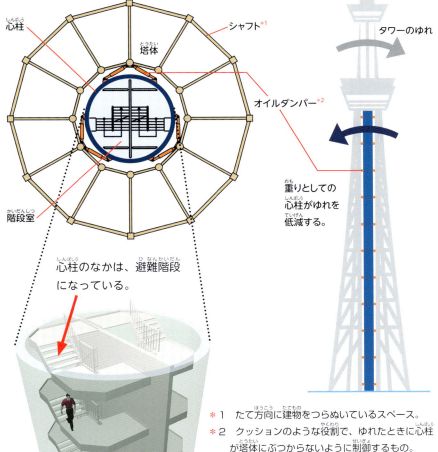

●東京スカイツリーの断面

東京スカイツリーの断面は、足もとが三角形で、上にいくにつれて円形になっていく。下部が三角形なのは、かぎられた敷地にタワーを建てる場合、それがタワーをいちばん安定させるから。一方、展望台が円形になっているのは、360度の景色をみわたせることや、強風などの力をかたよって受けないようにすること、タワー全体を安定させることなどの理由による。

＊1　たて方向に建物をつらぬいているスペース。
＊2　クッションのような役割で、ゆれたときに心柱が塔体にぶつからないように制御するもの。

提供：東武タワースカイツリー／大林組

もっと知りたい！
織田信長の考えたくふうがいっぱい
安土城天主のひみつ

天守は、城を代表する建物です。安土城は、織田信長が琵琶湖のほとりにつくった城です。安土城につくられた「天主」とよばれる建築物が、「天守」のはじまりとされています。

安土城天主のふしぎ

安土城は、地下1階地上6階の7階建てで、天主の高さが約32mあります。地下1階から3階部分までが巨大な「ふきぬけ空間」になっていて、そこには、仏をまつる宝塔がおさまっていたと考えられています。ふきぬけ2階部分には、せり出しの舞台があり、ふきぬけ3階には、回廊と、わたり廊下があります。

信長は、ふだんはこの天主で生活していたのではないかといわれています。江戸時代の天守は日常生活の場ではなくなり、特別な機会にのぼるだけの象徴的な建物となりますが、安土城では日常生活の中心が天主でした。以後の天守とは使われ方が大きくことなり、安土城ならではの特別な天守の使われ方といえます。

●安土城天主の復元

安土城天主の復元にあたっては、何人もの研究者によって、さまざまな案があげられている。どの提案者も、多くの資料および事実を調べ、形を考えだした。ここで紹介している、内部にふきぬけ空間があり、宝塔がおさまっていたという案は、そういった複数ある復元案のひとつであり、ふきぬけ空間はなかったのではないかと指摘する人もいる。いずれにせよ、安土城は1582年、「本能寺の変」の直後に焼失してしまっていて、もはや部材もなにものこっていない。

安土城天主の復元模型20分の1スケール。

5階…………八角形になっている。
4階…………
3階…………
2階…………
1階…………
地下1階…………

●安土城天主台あと

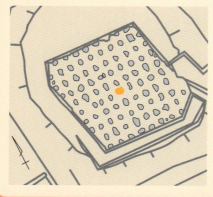

安土城の天主台のあとは石垣にかこまれ、東西、南北、それぞれ約28mの台地となっている。ここには礎石（建造物の土台となって、柱をささえる石のこと）が1〜2mおきにならべられていて、天主の地階にあたる。発掘調査では、中央に礎石のあとがないことが確認されている。日本では高層の木造建築を建てるときには中央に心柱を立てることが多いが（→P11）、安土城では、中央のあなの上にはかつて宝塔があり、あなにはつぼが入っていたものと考えられている。

天主跡の平面図。○は礎石の痕跡。ほぼ中央の●には礎石跡がなく、あなだけがあった。

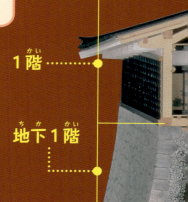

大仏
だいぶつ

大仏とは、大きな仏像のことをいいます。日本には各地に大仏がつくられていて、高さが2〜3mのものから、台座もふくめると27〜28階建てのビルの高さになるものもあります。

鎌倉大仏のしくみ

神奈川県鎌倉市にある鎌倉大仏は、鎌倉時代につくられた青銅製の大仏です。台座もふくめると高さが約13m。現在まで大きな修復もなく、ほぼ鎌倉時代のすがたをたもっています。

大仏のなか（胎内❶）に入れるようになっていますが、なかは大きな空洞で、なにもありません。大仏の半分ほどの高さまでのぼれる階段が設けられていて、内かべに見られる格子もようや、大仏をつくるときにできた鋳造（→P18）の層のあとなどを観察することができます。

●大仏の免震構造

鎌倉の大仏は下の台座に固定されていない。地震があっても大仏は台座の上ですべり、たおれないようにつくられたからだ。ずれたらあとで元の位置にもどす。じっさいに関東大震災（1923年）では、大仏は前方にすべりだしていたといわれている。現在は、台座の上に御影石をのせ、その上にステンレスの板をおいた構造になっている。大地震のときにはステンレスの板と御影石のあいだがすべることで、仏像への被害が最小限になるようにくふうされている。

ステンレスの板

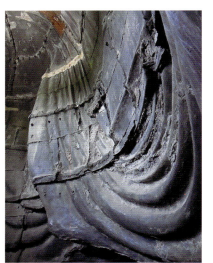

提供：新井弘美

❶胎内

仏像内部のこと。内かべに見られる大きな格子もようから、大仏が約40回に分割しつくられたことがうかがえる。また、パーツのつなぎめに部位に応じた3種類の鋳造技術（→P18）が使い分けられているのが確認できる。

鎌倉大仏は、高徳院というお寺の本尊。寺のいいつたえでは、奈良の大仏を参拝して感動した源頼朝夫妻が鎌倉にも大仏をつくろうと計画し、夫妻の死後、頼朝につかえていた老女がつくったとされている。また、鎌倉大仏がつくられた場所で当時飢きんがつづいていたことから、奈良の大仏が庶民救済のためにつくられたのとおなじように、まずしい人びとの救済のためにつくられたとも考えられている。

協力：高徳院

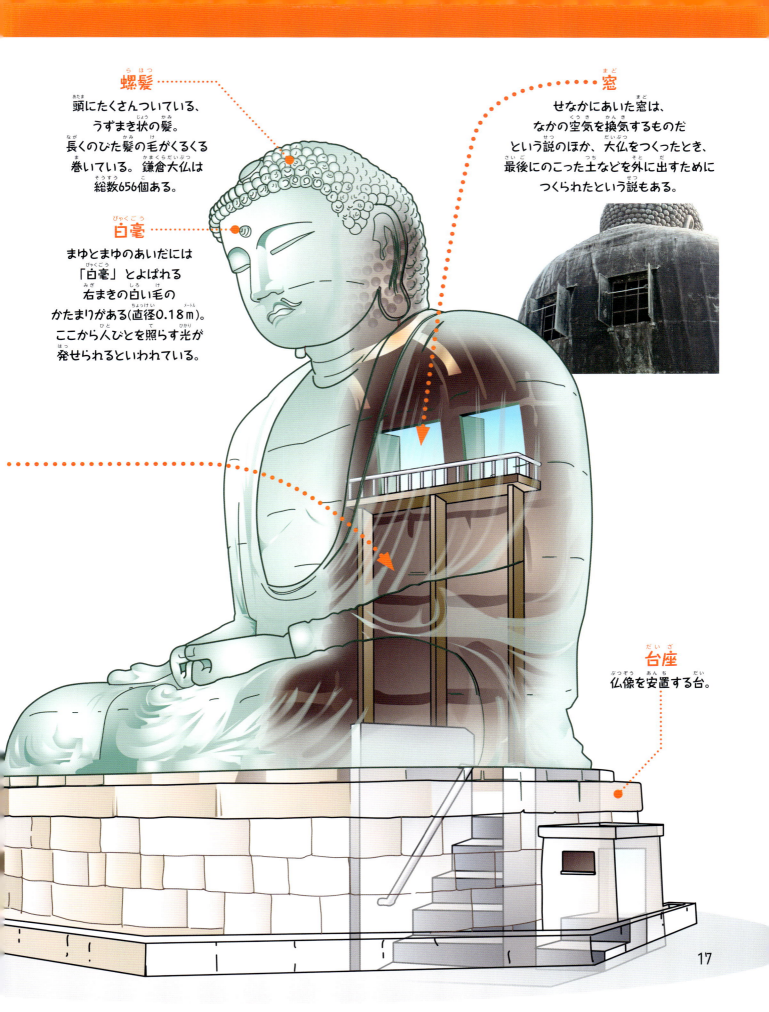

大仏のつくり方――鎌倉の大仏

　鎌倉の大仏がどのようにして建てられたか、くわしいことは明らかではありません。現在の大仏を見ると、顔やからだに、数段にわたって横に線が入っているのがわかります。これは、像が大きいので、下のほうから順次鋳造していった鋳型の合わせ目のあとです。たてにも線が入っているのが見えます。1個の大きさが2ｍ四方の鋳型を使って、40回ほどおなじ作業をくりかえして鋳造がおこなわれたと考えられています。

用語チェック！

鋳造

　仏像の材質には、木や石、土、金属などがある。木や石は「彫る」技術、土は粘土でつくる「塑造」の技術、金属は「鋳造」の技術でつくられる。鋳造は、砂や粘土などでつくった型（鋳型）のなかに、高温でとかした金属を流しいれ、器などをつくる製造方法のこと。金属がさめてかたまったあとに鋳型をとりはずすと、型どおりの作品があらわれる。

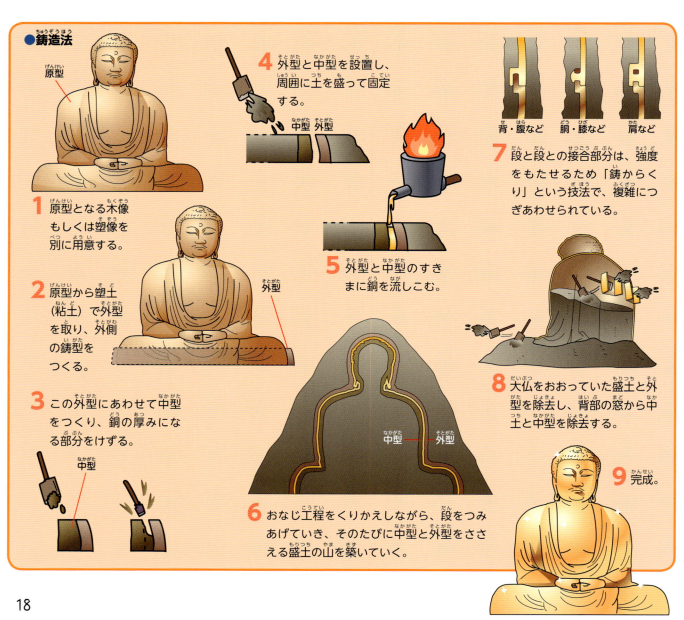

● 鋳造法

1. 原型となる木像もしくは塑像を別に用意する。
2. 原型から塑土（粘土）で外型を取り、外側の鋳型をつくる。
3. この外型にあわせて中型をつくり、銅の厚みになる部分をけずる。
4. 外型と中型を設置し、周囲に土を盛って固定する。
5. 外型と中型のすきまに銅を流しこむ。
6. おなじ工程をくりかえしながら、段をつみあげていき、そのたびに中型と外型をささえる盛土の山を築いていく。
7. 段と段との接合部分は、強度をもたせるため「鋳からくり」という技法で、複雑につぎあわせられている。
8. 大仏をおおっていた盛土と外型を除去し、背部の窓から中土と中型を除去する。
9. 完成。

大仏

新しい建築工法——牛久大仏

　茨城県牛久市にある青銅製の牛久大仏は、着工が1986年、完成が1992年と、比較的新しくつくられた大仏です。全高120m（像高100m、台座20m）で、ブロンズ製立像としては世界最大といわれています。建築にあたっては、おもに高層ビルでもちいられる「カーテンウォール工法」が使われました。巨大な仏像は、内部に重量をささえる鉄骨のしくみを組み上げ、それによって表面をおおう、うすい銅製の板をささえるしくみになっています。

●カーテンウォール工法

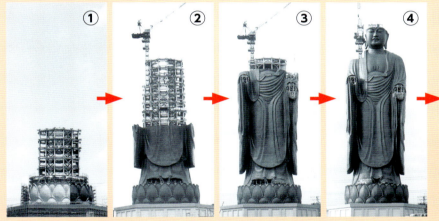

①中央に大仏全体の重量をささえる役割をはたす鉄骨の主架構を組みあげる。
②主幹の役割をはたすこの鉄骨の周囲に、枝をはやすようにあらかじめ地上でつくっておいたブロックを組みあわせていく。外側にカーテンのように外壁をとりつけるので、カーテンウォール工法という名がついた。
③下から順番につみあがるように建設されていく。
④最後に頭部をつくり、完成。

像の表面には6000枚もの銅板がはられている。

ブロックを運びあげているようす。

頭部の骨組み模型。

顔面が取りつけられる。なかの骨組みも見える。

提供：牛久大仏

もっと知りたい！

展望タワーで世界初の免震構造を実現
通天閣のひみつ

大阪の浪速区にある通天閣は、大阪の観光名所として知られる展望塔です。2015年、鉄骨造の展望塔としては世界初といわれる免震構造を実現させました。

免震装置は頭上にあり

通天閣の耐震補強工事のすごいところは、建物の外見をかえずに免震構造を実現させたことです。塔の上部を生かしたまま、4本の支柱部分を切断して免震ゴムを挿入する工法を考案し、最小限の工事で大規模地震にそなえ、地面から伝わるゆれを小さくするようにしました。

改修前

4本の支柱で市道をまたいでいるという立地条件もあり、工事は展望台などの営業がつづけられたまま9か月間おこなわれた。

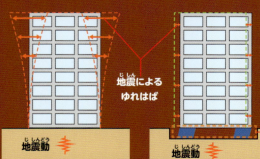

地震によるゆれはば

地震動　　　地震動　　　免震層

一般的な建物
地面のゆれが直接建物に伝わるため、建物がはげしくゆれる。

免震構造の建物
地面と建物のあいだの免震層が建物に伝わるゆれを軽減する。

2007年に登録有形文化財（建造物）に登録。

改修後

●施工手順　免震改修では、地上から10mほどの脚部のなかほどに免震装置をうめこんだ。

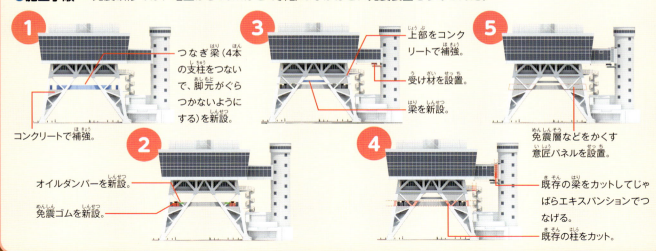

1 コンクリートで補強。

2 オイルダンパーを新設。免震ゴムを新設。

3 つなぎ梁（4本の支柱をつないで、脚元がぐらつかないようにする）を新設。

4 既存の梁をカットしてじゃばらエキスパンションでつなげる。既存の柱をカット。

5 上部をコンクリートで補強。受け材を設置。梁を新設。免震層などをかくす意匠パネルを設置。

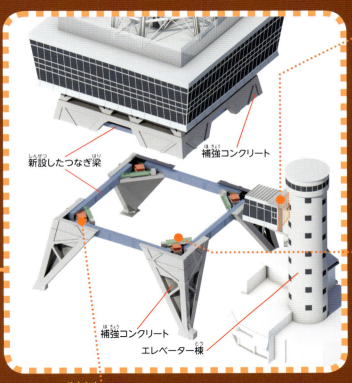

新設したつなぎ梁／補強コンクリート／補強コンクリート／エレベーター棟

じゃばらエキスパンション

エレベーター棟とタワーとをつなげるしくみ。電車の車両連結部分にもちいられているじゃばらから発想し、ゆれのことなる2つの建物をスムーズにつなぎあわせた。

オイルダンパー

免震ゴムだけだと地震がおさまったあとも、建物のゆれがなかなか止まらない。また、ゆれはばもかなり大きくなるため、ダンパーが振動が伝わるのをおさえるはたらきをする。

免震ゴム

ゴムのあいだに何層にも鉄板をはさむことで上からの重さをささえることができ、かつゴムの弾力によって水平方向にやわらかくうごくことができる。これによって、地面がはげしくゆれても建物はゆっくりとしかうごかないしくみになる。

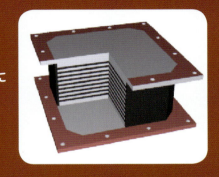

提供：竹中工務店

灯台

灯台は、岬や島の上に設置され、その外観や灯光によって、航行する船の目標となる施設です。真っ暗な大洋を航海する船にとって、かかせないたいせつな航路標識です。

灯台の構造

灯台の形はさまざまですが、大規模な灯台は、ほとんどが塔形で、一般的に、下から機械室、灯塔、踊り場、灯室、灯ろうとよばれています。

灯塔❶のなかには、階の昇降用として、らせん階段❷がとりつけられています。灯室❸は、灯塔と同じ構造の塔壁を立ち上げ、光を出す機械類（灯器❹など）を入れる部屋になっています。ここには出入口がもうけられ、灯台外部の点検をおこなうための踊り場❺に出ることができます。

灯ろう❻は、灯室に上からかぶせたガラスと屋根から構成されたかごです。ガラス状のつつは、別名「玻璃板」とよばれています。灯ろう屋根の上部には風見❼があります。

用語チェック！

ハイブリッド電源システム

灯台が光を発するには、発電のための電力が必要だ。商業電力の確保がむずかしい絶海の孤島や、岬の先端、航路上などに建設する灯台へ、安定して電力を供給することは、これまで苦労を要してきた。

そのような困難を解消するために、海上保安庁では、自然エネルギーを使った発電システムの開発・研究を進めている。地域の条件を考えたうえで、太陽光、風力、または波力のうち、もっとも効率的となるハイブリッド大出力型システムを研究し、実用化しようというのだ。すでに取り組みがおこなわれていて、いくつかの灯台で実用化されている。

大分県の豊後水道の中央に位置する無人島に立つ水ノ子島灯台は、大型灯台の電源として国内ではじめて太陽光と波力を利用した「ハイブリッド電源システム」が導入されている。

水ノ子島灯台（大分県佐伯市）。豊後水道中央の無人島に4年の歳月をかけて建設された石造りの灯台。

提供：佐伯市観光協会

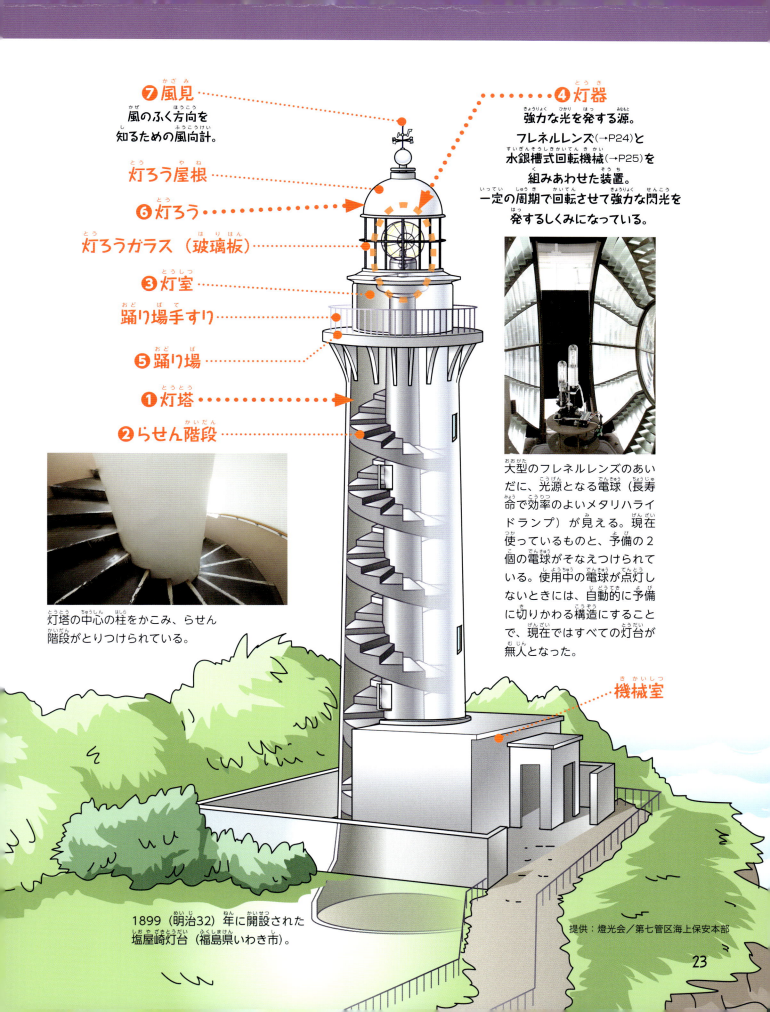

室戸岬灯台の光がとどく距離は、26.5海里（約49km）

灯台の光が遠くまでとどくひみつ

　灯台は、何キロメートルもはなれたところからでも見えるほどの強い光を出しています。そんなに遠くまでとどくのは、レンズで光を集めて出しているからです。

　レンズの作用は、図のように電球から出た光を屈折させ水平方向に出すようになっています。灯台のレンズを1枚のレンズでつくると、とても厚くなってしまい、重たくなります。そこで、プリズム状の複数枚のレンズを組みあわせて、1枚のレンズが「階段状に」つくられています。このように組みあわされたレンズを、発明者の名前をとって「フレネルレンズ」といいます。

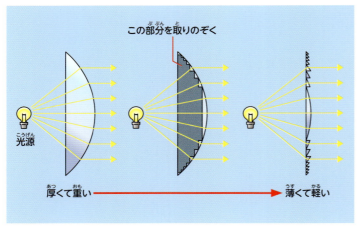
一般的な凸レンズ（左）とフレネルレンズ（右）の断面。

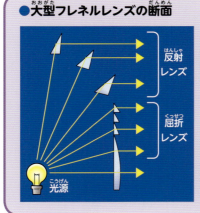

●大型フレネルレンズの断面

レンズの中心部分には屈折の凸レンズを、中間には屈折用のプリズム状のレンズを、外側には反射用のプリズム状のレンズを加工してひとつのレンズとして製造されている。灯台に使われている光源は小さくても、集められた光は非常に強いものとなる。

沖ノ島灯台（福岡県）で使用していた第1等フレネルレンズ（レンズ直径259cm、焦点距離92m）。1枚の大きなレンズではなく、プリズムの組みあわせで大きなレンズになるように構成されている。レンズは3面になっている（犬吠埼灯台資料展示室保存）。

灯台

灯台の光が点滅するひみつ

灯台の光は、使っているレンズによって光り方がちがいます。一定間隔で、ときどきピカッとする光り方は単閃光とよばれ、大型灯台の代表的な光り方です。閃光レンズというレンズを使い、ランプを点灯させたままで、レンズ自体を回転させると、レンズの中心とランプが一直線になったとき、船のほうで閃光が見えるしくみです。

小型灯台では、不動レンズ（レンズは回転しない）をもちいて、ランプをつけたり消したりして光を発しています。

日本一光度の強い灯台

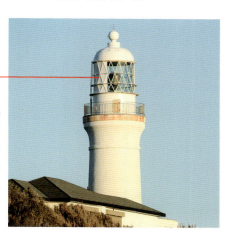

高知県室戸市の室戸岬の高台に立つ灯台。直径2.6mの第1等フレネルレンズをそなえている。

御前埼灯台（静岡県御前崎市）。町なかに灯台の強い光がいかないよう、遮蔽板をつけることで、海にだけ灯火を照らすようにしている。

用語チェック！

水銀槽式回転機械

水銀槽式回転機械は、重量のあるレンズを、比重の重い水銀をためた槽にうかべることでまさつ抵抗を少なくし、小さな力で回転できるようにした装置。灯台が電化・自動化される以前は、人力で分銅を巻き上げ、その分銅が落下するときの重力を利用してレンズを回転させていた。しかしたいへんな労力が必要だったので、落下した分銅をモーターで巻き上げるといった方法が取られた。現在では、小型モーターにより直接、水銀にうかべられたレンズ台を回転させるメカニズムになっている。

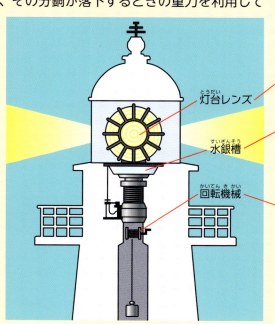

レンズと水銀槽式回転機械。かつては灯塔の中心の円柱のなかを分銅が上がり下がりしていた。

タワー

高くて細長い建物のことを「タワー」とよびます。五重塔も、東京スカイツリーも、そして高層ビルや超高層ビルもタワーとよべるものです。

超高層ビルのひみつ

東京都港区にある六本木ヒルズ森タワーは、高さ238m、地上54階、地下6階という超高層ビルです。超高層ビルは高くて細長い形が多いですが、森タワーは、それにくらべて断面が太く、どっしりとした形をしていて、ほぼ曲面だけで外壁が構成されているのが特徴的です。この形は、武士の甲冑をイメージしたといわれています。

超高層をささえる柱には、直径2mの鋼管柱が採用されています。これは、コンクリート充填鋼管構造（CFT*造）とよばれるもので、鋼管のなかにコンクリートがつめられている柱です。これまでのものにくらべ、耐震、耐火性能にすぐれた特性を発揮します。

＊ Concrete Filled Steel Tube の略。

鋼管柱

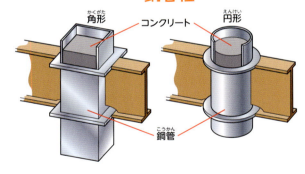

東京の六本木ヒルズは、オフィスやマンション、ホテル、レストラン、映画館などが集まる複合施設。その中心となるのが森タワーだ。地下には自家発電施設や、使用した水道水を再利用するための施設があり、地震や災害がおきても安心してすごせるまちづくりに取り組んでいる。写真は工事中のようす（右）と完成した六本木ヒルズ森タワー（左）。

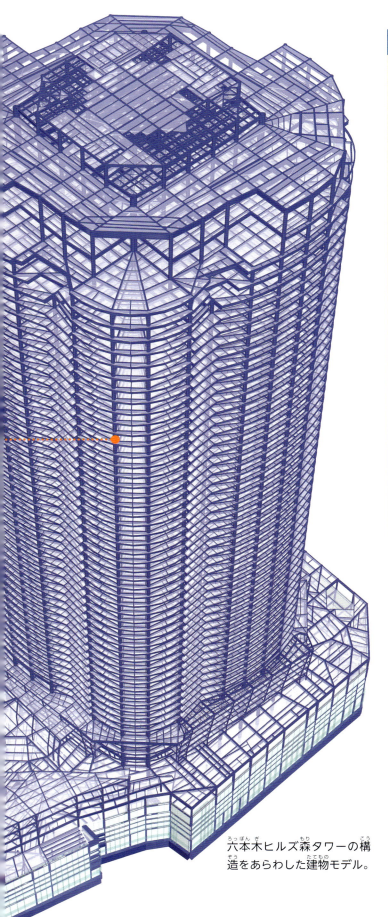

六本木ヒルズ森タワーの構造をあらわした建物モデル。

用語チェック!

「鉄骨」と「鉄筋」

　鉄骨とは、建築構造を構成するH型や角型の鋼製の部材のこと。鉄骨主体の建物をS(鉄骨)造という。一方、鉄筋は、直径数cmの鋼の棒のこと。鉄筋を複数もちいて型をつくり、その型をつくったところにコンクリートを流しこむことで柱や梁、床、壁などをつくり、建築物を建てる構造になる。RC(鉄筋コンクリート)造という。SRC(鉄骨鉄筋コンクリート)造という構造もある。これは、柱などの鉄骨のまわりにさらに鉄筋コンクリートをほどこした構造で、大規模な建物には頑丈な建築を必要とするため、この構造がもちいられるケースがある。以前は高層ビルといえばSRC造だったが、技術の進化により、高強度コンクリートを使用した純粋なRC造での高層ビルも多い。
　森タワーをささえているCFT造は、S(鉄骨)造、RC(鉄筋コンクリート)造、SRC(鉄骨鉄筋コンクリート)造に次ぐ第4の構造といわれている。

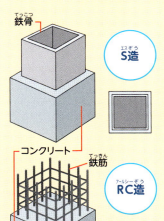

S造　S(鉄骨)造。Steelの略。柱や梁に鉄骨を使用。鉄骨にはH型鋼、角型鋼などがあり、鉄骨の断面の形によってよび方がことなる。S造にすると、建物自体が軽くなり、工期が短い。おもに体育館や工場など大空間に使用される。

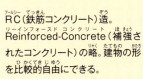

RC造　RC(鉄筋コンクリート)造。Reinforced-Concrete(補強されたコンクリート)の略。建物の形を比較的自由にできる。

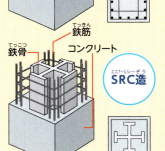

SRC造　SRC(鉄骨鉄筋コンクリート)造。RC造よりも強く、柱も細くできるが、費用がかかる。

提供:森ビル

超高層ビルのくふう① 耐震構造

超高層ビルでは、地震や風圧への対策が重要です。地震や風圧に耐える構造を「耐震構造」といいます。一般的な建築物では、骨組みを強くすることで地震のゆれや風圧に対抗する「剛構造」という方法がもとめられてきました。しかし超高層ビルでは、地震のゆれや風圧にある程度建物をまかせる「柔構造」の建築がもとめられています*。さらに、最近建設される超高層ビルでは、建物内部に油圧装置（オイルダンパー）などの制振装置をとりつけることで、建物に伝わってきたゆれのいきおいを軽減する方法をとっています。森タワーにはオイルダンパーが365基、アンボンドブレースが192基設置されています。

*柔構造の発想の元になったのが、五重塔の心柱（→P10）だといわれている。

オイルダンパー
建物がゆれると、シリンダーのなかのねばねばしたオイルの抵抗力（まさつ）でゆれのエネルギーを熱のエネルギーにかえて、地震時のエネルギーを吸収する。

アンボンドブレース
中心にやわらかい金属が入っていて、のびたりちぢんだりすることでゆれを吸収する。

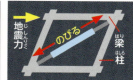

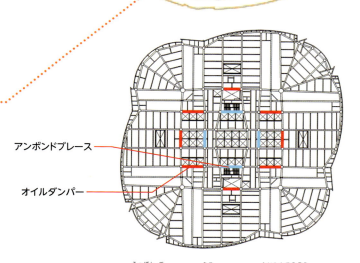

六本木ヒルズ森タワーの耐震構造をあらわしたもの。オイルダンパーとアンボンドブレースが配置されている場所をしめしている。下は断面図。

タワー

超高層ビルのくふう② 2階建エレベーター

　高層ビルにエレベーターは必要不可欠なものですが、朝夕の出社時や退社時のピークとなるときに十分に対応できるだけの運搬能力を確保しなければなりません。森タワーでは、2階建エレベーター（スーパーダブルデッキエレベーター）を導入し、混雑時の対応をしています。2階建エレベーターは、かごが2階建てになっていて、上かごは偶数階フロア、下かごは奇数階フロアにそれぞれとまるようになっています。一度に上下2つのかごに人が乗れることで、輸送能力が上がります。しかも森タワーのダブルデッキエレベーターではパンタグラフの部分がのびちぢみするので、各階の高さ（階高）がちがう場合でも設置できます。

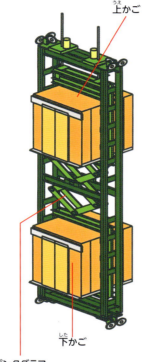

一般的な2階建エレベーター（左）とくらべて、スーパーダブルデッキエレベーター（右）では、各階の高さをかえることができる。

超高層ビルのくふう③ ヒュ～・ストン

　ヒュ～・ストンは、高層ビルの効率的なごみ収集と分別をするごみ分別搬送システムで、森タワーでも導入しています。各階で種別ごとに回収したごみをカプセル化して、建物の中心を垂直に通るシュート管に投入すると、自由落下と空気抵抗を利用して、ごみカプセルを地下などに設置されたごみ処理室に安全に着地させます。ごみ処理室で自動的に仕分けされたごみカプセルは一時保管され、一定量がたまったら回収してトラックなどで搬出されます。

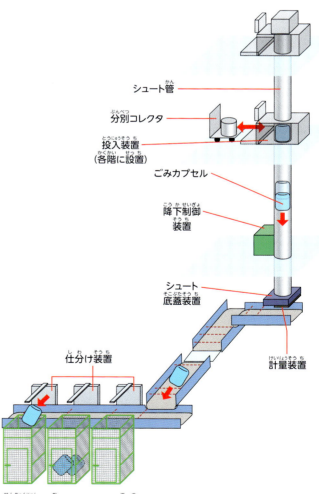

先着順に落ちるので、手間がかからない。

もっと知りたい！
せまい土地をいかすハイテク駐輪場
サイクルツリー

サイクルツリーとは、自転車用の機械式立体駐輪システムです。せまいスペースにたくさんの自転車をすばやく収容できる全自動の駐輪場です。

サイクルツリーのしくみ

右のガラスばりの半円柱の塔が、サイクルツリーです。なかでは、建物の中心から放射状に自転車が整列しています。中心に見える青い柱は昇降装置です。建物の入口には、自転車を入れるゲートがあるのみ。ここに自転車をおいてボタンをおすと、あとは昇降装置と旋回装置で自動的に収容されます。一台につき数十秒で出し入れできます。

全自動のひみつ

サイクルツリーが自動でうごくひみつは、ICタグリーダーにあります。利用登録のとき、自転車にはID番号を記録したICタグを取りつけます。入庫のさい、ICタグリーダーによってICタグの情報を読み取り、ID番号が何番の自転車がどの位置に保管されているか、機械が記憶するしくみです。出庫のさいは、ICカードを機械にかざすだけで自転車が出てきます。

昇降装置

保管機

ゲート

ICタグリーダー

●地下のサイクルツリー

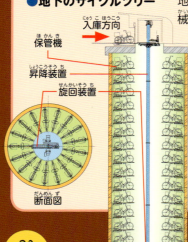

入庫方向
保管機
昇降装置
旋回装置
断面図

地下空間を利用したサイクルツリー。円筒形の機械駐輪システムが地下にうめこまれる。

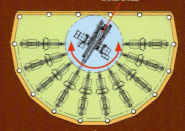

駐輪場断面図
旋回装置
入庫方向

昇降装置と旋回装置で、ID番号に対応した保管機の場所におさめられる。

提供：JFEエンジニアリング

さくいん

あ行

- ICタグリーダー ………… 30
- アンボンドブレース ………… 28
- 鋳型 ………………………… 18
- 石垣 ………………………… 14、15
- 石場建て …………………… 7
- 伊勢神宮 …………………… 11
- 牛久大仏 …………………… 19
- オイルダンパー ………… 13、21、28
- 大壁 ………………………… 9
- 沖ノ島灯台 ………………… 24
- 織田信長 …………………… 14
- 踊り場 ……………………… 22、23
- 御前埼灯台 ………………… 25

か行

- カーテンウォール工法 …… 19
- 海住山寺 …………………… 12
- 回廊 ………………………… 14、15
- 風見 ………………………… 22、23
- 鎌倉大仏 …………………… 16、17
- 側柱 ………………………… 10、11
- かわら屋根 ………………… 11、15
- 木組み ……………………… 8
- 基礎 ………………………… 7
- 基壇 ………………………… 11
- 空海 ………………………… 10
- 管柱 ………………………… 6、7
- 組物 ………………………… 11
- 桁 …………………………… 6
- 鋼管柱（CFT造） ………… 26
- 高徳院 ……………………… 16
- 小舞 ………………………… 7、9
- 小屋組み …………………… 6、12
- 小屋束 ……………………… 6

さ行

- 塩屋崎灯台 ………………… 23
- 軸組み ……………………… 6
- 仕口 ………………………… 8
- 四天柱 ……………………… 10、11
- しゃちほこ ………………… 15
- じゃばらエキスパンション … 21
- 昇降装置 …………………… 30
- 城 …………………………… 14
- 真壁 ………………………… 9
- 心柱 ………………… 10、11、13、28
- 水銀槽式回転機械 ………… 23、25
- 筋交 ………………………… 8
- ストゥーパ ………………… 10、11
- 諏訪大社 …………………… 11
- 制振技術 …………………… 13
- 相輪 ………………………… 10、11
- 礎石 ………………………… 7、11、14

た行

- 台座 ………………………… 16、17
- 耐震構造 …………………… 28
- 胎内 ………………………… 16
- 垂木 ………………………… 6、7
- ダンパー …………………… 11、21
- 鋳造 ………………………… 16、18
- 超高層ビル ………………… 26、28、29
- 通天閣 ……………………… 20
- 継手 ………………………… 8
- 土壁 ………………………… 7、9
- 鉄筋コンクリート ………… 13、27
- 鉄骨 ………………………… 12、19、27
- 鉄骨鉄筋コンクリート …… 27
- 天守（天主） ……………… 14
- 展望塔 ……………………… 20
- 灯器 ………………………… 22、23
- 東京スカイツリー ………… 13
- 灯室 ………………………… 22、23
- 東長寺 ……………………… 10、11
- 灯塔 ………………………… 22、23、25
- 灯ろう ……………………… 22、23
- 通し柱 ……………………… 6、7
- 土台 ………………………… 6、11

な行

- 2階建エレベーター ………… 29

は行

- ハイブリッド電源システム … 22
- 柱 ……… 6、7、8、9、10、11、13、26、27
- 梁 …………………………… 6、9、21
- 玻璃板 ……………………… 22、23
- 白毫 ………………………… 17
- ヒュ～・ストン …………… 29
- 伏鉢 ………………………… 10
- プリズム …………………… 24
- フレネルレンズ ………… 23、24、25
- 宝塔 ………………………… 14、15
- 保管機 ……………………… 30

ま行

- 水ノ子島灯台 ……………… 22
- 源頼朝 ……………………… 16
- 棟木 ………………………… 6、7
- 棟 …………………………… 6、7
- 免震構造 …………………… 16、20
- 免震ゴム …………………… 21
- 木造軸組構造 ……………… 6
- 裳階 ………………………… 12
- 母屋 ………………………… 7

や行

- 床板 ………………………… 6、7

ら行

- らせん階段 ………………… 22、23
- 螺髪 ………………………… 17
- 六本木ヒルズ森タワー … 26、27、28、29

わ行

- わたり廊下 ………………… 14、15

■ 編さん／**こどもくらぶ（二宮祐子）**
「こどもくらぶ」は、あそび・教育・福祉の分野で、こどもに関する書籍を企画・編集しているエヌ・アンド・エス企画編集室の愛称。図書館用書籍として、毎年10～15シリーズを企画・編集・DTP製作している。これまでの作品は1000タイトルを超す。
http://www.imajinsha.co.jp/

■ 企画・制作・デザイン
株式会社エヌ・アンド・エス企画
吉澤光夫

■ 透視イラスト
荒賀賢二

■ 写真・資料提供（敬称略、五十音順）
新井弘美
牛久大仏
近江八幡観光物産協会
㈱大林組
木の家づくりを応援する木住研
佐伯市観光協会
JFEエンジニアリング㈱
第七管区海上保安本部
㈱竹中工務店
燈光会
東武タワースカイツリー㈱
松井建設㈱
森ビル
※東京スカイツリー、スカイツリーは東武鉄道㈱・東武タワースカイツリー㈱の登録商標です。

■ 写真・資料協力（敬称略、五十音順）
海住山寺
高徳院
通天閣
東長寺
内藤昌（安土城復元模型）

■ 表紙フォント
たかデザインプロダクション

■ フォント協力
★Heart To Me★（沙奈）

この本の情報は、2016年12月までに調べたものです。今後変更になる可能性がありますので、ご了承ください。

透視絵図鑑　なかみのしくみ　大きな建物

初　版　第1刷　2017年1月27日

編さん　こどもくらぶ
発　行　株式会社 六耀社
　　　　〒136-0082 東京都江東区新木場2-2-1
　　　　電話 03-5569-5491　FAX 03-5569-5824
発行人　圖師尚幸
印刷所　シナノ書籍印刷株式会社

©Kodomo kurabu　NDC500　280×215mm　32P　ISBN978-4-89737-857-2　Printed in Japan

落丁・乱丁本は、購入書店名を明記の上、小社営業部宛にお送りください。送料小社負担にて、お取り替えいたします。